名 | 家 | 设 | 计 | 速 | 递 |

DESIGN CLASSICS

休闲空间设计速递

LEISURE SPACE

● 本书编委会 编

中国林业出版社

图书在版编目（ＣＩＰ）数据

休闲设计速递 / 《休闲设计速递》编委会编. -- 北京：中国林业出版社, 2014.6
（名家设计速递系列）
ISBN 978-7-5038-7555-7

Ⅰ. ①休… Ⅱ. ①休… Ⅲ. ①服务建筑－室内装饰设
计－世界－图集 Ⅳ. ①TU247-64

中国版本图书馆CIP数据核字(2014)第133081号

本书编委会

◎ 编委会成员名单

选题策划：金堂奖出版中心

编写成员：	张寒隽	郭海娇	高囡囡	王 超	刘 杰	孙 宇	李一茹
	姜 琳	赵天一	李成伟	王琳琳	王为伟	李金斤	王明明
	石 芳	王 博	徐 健	齐 碧	阮秋艳	王 野	刘 洋

中国林业出版社 · 建筑与家居出版中心

策　　划：纪　亮
责任编辑：李丝丝

出版：中国林业出版社
（100009 北京西城区德内大街刘海胡同 7 号）
http://lycb.forestry.gov.cn/
E-mail: cfphz@public.bta.net.cn
电话：(010) 8322 5283
发行：中国林业出版社
印刷：北京利丰雅高长城印刷有限公司
版次：2014年8月第1版
印次：2014年8月第1次
开本：230mm×300mm, 1/16
印张：9
字数：100千字
定价：188.00元

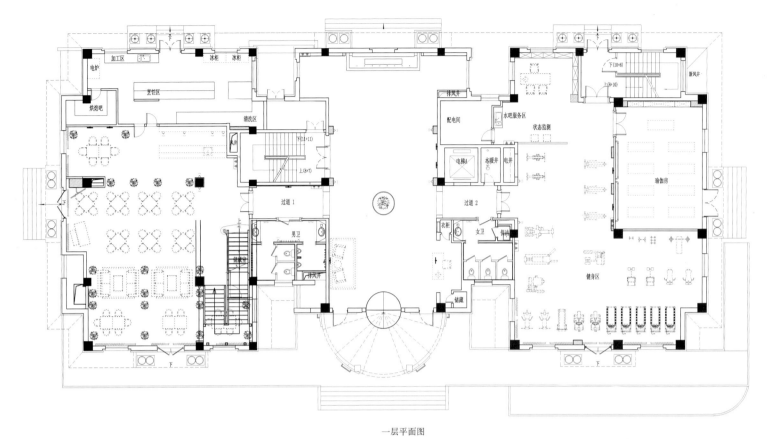

一层平面图

参评机构名／设计师名：
中国建筑设计集团筑邦设计院/
Beijing Truebond Architecture Decoration engineering company .LTD
简介：
所获奖项：2012年度中国建筑装饰绿色环保设计五十强企业、北京市建筑装饰工程优秀设计奖（创意类）、北京市建筑装饰工程优秀设计奖（工程类）、中国建筑装饰协会颁发的筑巢奖金奖。
成功案例：首都博物馆室内项目、外研社办公大楼室内项目、中石化办公大楼室内项目等。

北海会所
Beihai Club Decoration Design

A 项目定位 Design Proposition
本案作为私人接待的高端会所，无论从空间尺度，还是从设计标准上都尽显宾客的重要性，不是以奢华的装修效果切入，而是更多的表达中国低调内敛的文化内涵。

B 环境风格 Creativity & Aesthetics
新中式的室内空间配合新中式的建筑风格，以及新中式的庭院环境与百年古建大门形成鲜明对比，即不失古韵，又增添了现代感。

C 空间布局 Space Planning
一层空间的主次包间，以庭院作为分割，私密性更强；二层作为书画室、茶室和客房等，空间更为安静。

D 设计选材 Materials & Cost Effectiveness
手绘开片瓷、彩泥。

E 使用效果 Fidelity to Client
运营后一直宾客满棚，好评连连，为业主提供了舒适而愉快的接待环境。

项目名称_北海会所
主案设计_高志强
参与设计师_刘彦杰、尤琳、李海东
项目地点_北京
项目面积_1000平方米
投资金额_80万元

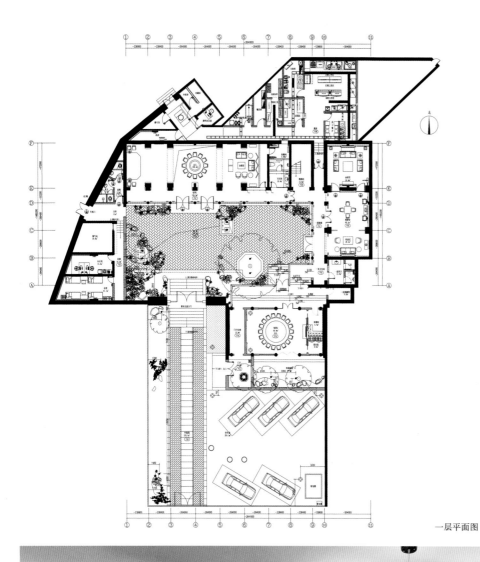

一层平面图

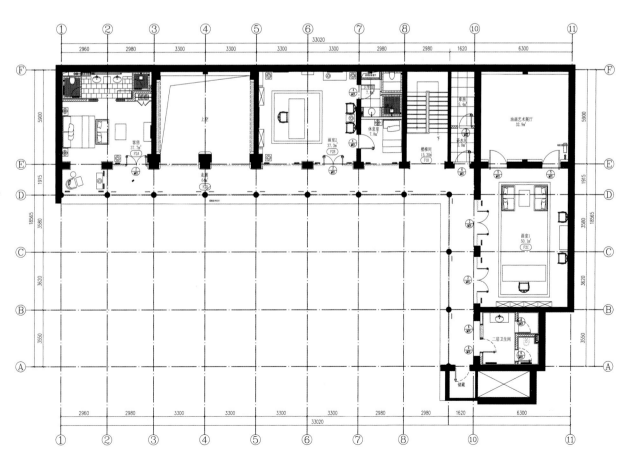

二层平面图

参评机构名／设计师名：
多维设计事务所/DOV DESIGN co
简介：
成都多维设计事务所是多维设计事务所大陆总部。多维设计成立于1995年，旗下有香港多维艺术有限公司，(香港)多维艺术陈设，成都大木设计中心和武汉多维空间艺术有限公司，专业从事建筑装饰工程设计。现为国家乙级建筑装饰设计资质，获得国内外多种奖项。已经为多家国际品牌空间设计提供服务，其原创研究的"基于营销策划和客户需求的整合设计方法"以及"前设计系统"，已经在国内受到广泛关注。室内设计领域：房产业空间、公建商业空间、精装房、办公空间、连锁专卖店、公共空间、配饰陈设工程设计。

宝石树红酒会所
Gemtree Vineyards

A 项目定位 Design Proposition

本案是集葡萄酒文化、体验、品酒、销售、接待功能为一体的综合性酒庄，如果按照传统欧式酒庄设计，与消费者心目中的"正宗"欧式酒庄会产生冲突，因此折中了传统欧式风格的共性语言加以整理，形成市场认可的欧式酒庄。

B 环境风格 Creativity & Aesthetics

设计的欧式出彩度有限；本案力图在有限的空间及层高的限制下，竭力寻找设计的本质性语言，而不仅着眼所谓欧式的符号，同时在地毯和地面设计方面做了相对混搭的反差对比。设计创新点主要是在灯光方面，因为传统欧式建筑室内并无现代灯具，因此对反光槽这类设备尽量做了消解。

C 空间布局 Space Planning

在高端场所追求欧风的潮流下，设计师避免了常见欧式室内空间的设计往往只追求形，忽略轴线、动线设计的精髓和尺度的把握。因此要按严格的欧式风格设计，采用居中、对称、中心发散形式。

D 设计选材 Materials & Cost Effectiveness

大量运用场外加工固装墙板。

项目名称_宝石树红酒会所
主案设计_张晓莹
参与设计师_范斌、敖谦、刘昶
项目地点_四川成都市
项目面积_800平方米
投资金额_240万元

E 使用效果 Fidelity to Client

2013年成都糖酒会红酒品鉴主会场，成为该酒庄的全国旗舰店，完成了招商任务。

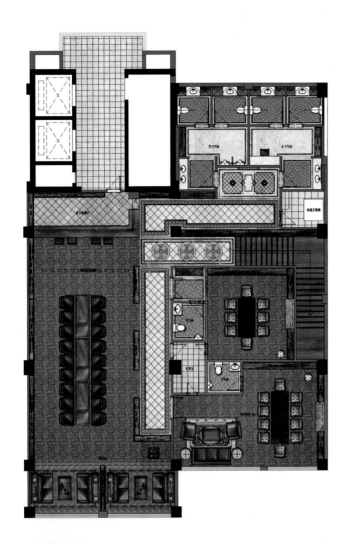
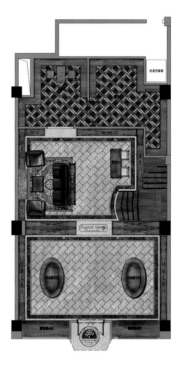

平面图

参评机构名/设计师名：
张婷婷 Tinna
简介：
毕业于四川美术学院，本科学位。现任香港观念设计设计总监。
设计案例：保利高尔夫509栋、501栋、532栋等。

君临会高尔夫私人俱乐部
JunLin Golf Club

A 项目定位 Design Proposition
与同类竞争性物业相比，作品独有的设计策划、市场定位。西南第一家高尔夫主题私人俱乐部，市场定位为高端私人主题性社交会所。

B 环境风格 Creativity & Aesthetics
与同类竞争性物业相比，作品在环境风格上的设计创新点，设计的精髓不在于醒目，而在于本质的表达，通过每一个细节，感受品质的存在。自然是这件作品在环境风格上设计创新点。

C 空间布局 Space Planning
私密和融合是这次作品在空间布局上的设计创新点，在突出私人圈层社交的同时，我们也十分注重商业活动所需的开放与融合。

D 设计选材 Materials & Cost Effectiveness
我们坚持认为不是每一件作品都一定会在设计选材上进行创新，为了保持对历史的尊重我们使用了与作品风格相匹配木材作为这次设计的主体材质。

E 使用效果 Fidelity to Client
市场反馈信息良好，会员制条款正在制定中，9月正式开业。

项目名称_君临会高尔夫私人俱乐部
主案设计_张婷婷
项目地点_重庆
项目面积_3300平方米
投资金额_3500万元

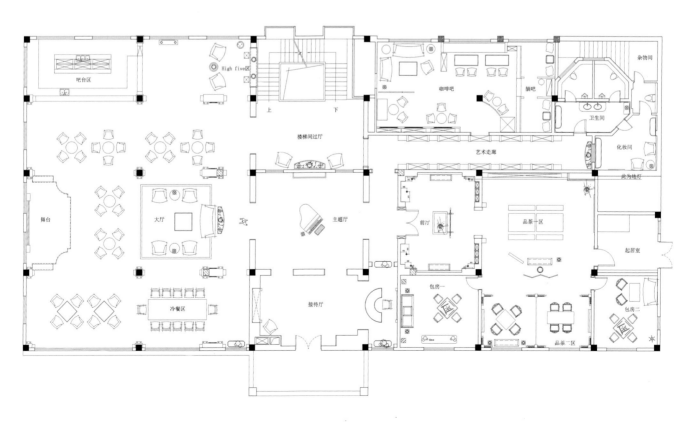

一层平面图

参评机构名/设计师名：
张迎军 Zhang Yingjun
简介：
中国室内空间环境艺术设计大奖赛二等奖，中国室内设计观摩展最具创意奖。
成功案例：澳门豆捞，阅微食府，东北虎黑土印象，绍业堂。

济南绍业堂
Jinan ShaoYeTang

A 项目定位 Design Proposition

绍业堂位于山东省济南市，是以经营陈年普洱茶、名家紫砂壶、回流日本铁壶为主的专业茶会所，也是大石代设计咨询有限公司"文化传承系列"主题的另一新作。

B 环境风格 Creativity & Aesthetics

会所环境文气素雅，在这里品茶不仅能欣赏到名家的书画墨宝，还可挥毫泼墨，是雅集、闲谈、社交的理想去处。业主夫妇是两位茶行履历颇深的收藏家，有独到的茶主张，最终确定了设计主题：百年茶塾——绍业堂，以百年书香门第的徽派老宅装载百年的老壶和普洱茶的陈韵。

C 空间布局 Space Planning

"绍业堂"门匾源自光绪年间清廷名臣洪钧之手，寓意为"绍承先志业，和睦泽堂长"。由此为基点，借鉴洪钧祖宅的格局以徽派建筑抬梁式屋架为载体，烘托出一座具有书香韵味的别样茶塾。茶楼采用徽派砖雕的门楼，门两侧配楹联及石墩，门前栽有绿植和桂花树，精雕朴琢、古韵雅美。

D 设计选材 Materials & Cost Effectiveness

整体呈现为三进两院的格局，外院置景，内院为茶及茶具的展厅，短廊将两院连接。内院一方通往业主夫妇的私人茶室，另一方则是为客人设置的茶会。两方茶室均列有名人书画、名家收藏，并置以红酸枝明式家具，增添空间的典雅气质，彰显主人的品味。

E 使用效果 Fidelity to Client

绍业堂集品茗、茶会、笔会、琴会、休闲商务、名人雅集等为一体，是各界名流名仕闲来雅聚的好去处。

项目名称_济南绍业堂
主案设计_张迎军
项目地点_山东济南市
项目面积_200平方米
投资金额_120万元

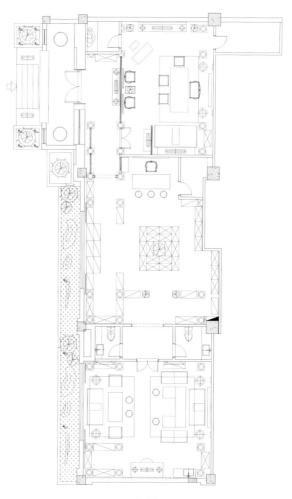

平面图

参评机构名／设计师名：
王砚晨 Wang Yanchen
简介：
毕业于中国西安美术学院意大利米兰理工大学
国际室内设计硕士经典国际设计机构(亚洲)有
限公司 首席设计总监北京至尚经典装饰设计
有限公司 首席设计总监中国建筑学会室内设
计分会 会员。

三苏祠博物馆景苏楼会所
Sansuci Jingsulou Club

A 项目定位 Design Proposition

位于四川省眉山市的三苏祠博物馆内，其间绿意环绕，碧水迎风，优越的园林环境将建筑物收藏其中。原
有建筑为二层砖木结构，曾作博物馆的招待所使用，由于多年闲置，庭院内杂木丛生，水道淤滞，给设计
带来极大的机会及挑战，此次改造将景苏楼打造为综合性的高端休闲空间，为博物馆提供新的服务功能。

B 环境风格 Creativity & Aesthetics

室外空间的设计将传统的造园手法与当代的审美需求相结合。曲折的回廊将两处院落分隔开，但又形成空
间上的连续性，庭院中的瀑布成为主景观，倾泻而下的水流形成动感的韵律和美妙的音阶，成为整个院落
的中心，整个庭院充分体现中式园林"移步换景"的手法，每走一段路或转个弯都会有不同的视觉听觉体
验，"随机因缘，构图成景"这也是中国式庭院生活的精髓。

C 空间布局 Space Planning

室内空间的营造同样以庭院为中心，中国的文人是为庭院而生的，居于室内，窗成为内外景致连接的媒
介。于是窗的材料，选用了近似传统窗纸的夹绢玻璃。透过格栅，院内的景致隐约可见，形成了梦幻的意
境。室内的空间设计尊重中国古建筑的内空间结构，充分体现了中式古典建筑的结构及空间美感。

项目名称_三苏祠博物馆景苏楼会所
主案设计_王砚晨
参与设计师_李向宁、杨丁
项目地点_四川眉山市
项目面积_3800平方米
投资金额_900万元

D 设计选材 Materials & Cost Effectiveness

在室内材料及家具的使用上，注重选择有细腻质感的材料，如珠粒壁纸，丝质皮面，石材马赛克等，塑造
出古典优雅的高贵室内空间。协调淡雅的色彩搭配，更是契合中国文人生活意境的品位需求。

E 使用效果 Fidelity to Client

设计工作围绕中国文人的庭院生活展开，苏东坡是宋代的文坛领袖，当其时，呼朋唤友，快意人生。景苏
楼会所也寄期望成为今天中国上层精英人士的首选会聚之地。

参评机构名/设计师名：
深圳秀城设计顾问有限公司/
SHENZHEN UCSGROUP INTERIOR DESIGN
ARCHITECTS CO.,LTD
简介：
所获奖项：金堂奖十佳案例、亚太室内设计大
奖、中国室内设计大奖一等奖、金指环全球大
奖、中国建筑传媒奖、最成功设计大奖。

成功案例：正中时代广场、三九医药企业总
部、百利宏企业总部。

UCS 秀城设计
GROUP

林间会所
Club in Woods

A 项目定位 Design Proposition
这里的建筑和环境是互融互通的，倡导新型企业会所的空间观念，影响土地开发者和土地建立友好开发模式。

B 环境风格 Creativity & Aesthetics
离地面1.2米高的房子下面有水流经过，水汽可以透过室外平台木板间隙，调节了人活动平台的微气候。采用了部分可持续设计方案（比如雨水收集、生物净化污水、太阳能热水等），由美国 Arcturis 事务所提供，实际实施仅是其中一小部分。

C 空间布局 Space Planning
房子也可以成为配角，体现自然宁静之美，我们去山里建房子，肯定打破了原来的环境，很简单的一个道理，人舒服了，鸟可能就不太舒服，重要的是，如何让二者之间找到一个最佳的平衡，不要过多地打搅自然，不要让鸟儿太不舒服。

D 设计选材 Materials & Cost Effectiveness
混凝土地梁及柱基础、直径180mm的钢结构柱子可以实现比较纤细的结构，钢梁及钢屋架让房子变得比较轻而牢固，双层屋面的做法有利于通风隔热，建材因可回收再利用而显得环保。

E 使用效果 Fidelity to Client
获得了商业及社会影响力上的成功。在钢材日益减价的中国，创新出一种在不宜建筑的果园基地内以钢结构搭建临时建筑的新模式，有利于减少建筑对环境的破坏，建造成本仅50万美金，建成当年被估值500万美金，实现了物业增值。

项目名称_林间会所
主案设计_陈颖、李穗
参与设计师_郭利华
项目地点_广东惠州市
项目面积_1000平方米
投资金额_300万元

参评机构名/设计师名:
孙传进 Frank
简介:
"2012金堂奖年度十佳休闲空间设计","2012金堂奖年度优秀休闲空间设计"。
成功案例:宜兴巴登巴登温泉会所、镇江九鼎国际水会。

溧阳巴登巴登温泉会所
Liyang Baden-Baden Hot Spring Hotel

A 项目定位 Design Proposition
该项目为溧阳市高级室内休闲SPA会所。空间灵动转折中体现了设计要点,溧阳当地商务休闲新地标。

B 环境风格 Creativity & Aesthetics
以灵动十足的折线为空间发轫,通过线条的转折,引导人流形成明确的空间暗示。

C 空间布局 Space Planning
两个挑空形成了极其呼应的空间契合,通过曲折的前区和大气灵动的休闲区引发了来自心灵的悸动。

D 设计选材 Materials & Cost Effectiveness
珍珠与马赛克,装饰类镜钢片。

E 使用效果 Fidelity to Client
同期在当地市场创营销最高值。

项目名称_溧阳巴登巴登温泉会所
主案设计_孙传进
参与设计师_胡强
项目地点_江苏常州市
项目面积_4500平方米
投资金额_2000万元

四层平面图

参评机构名/设计师名：
孟可欣 Monk
简介：
著名室内设计师，开创以辞达、善空间、谦虚美学为核心的设计美学理念。擅长将中国古典哲学思想与当下艺术，生活，时尚等元素结合，来构建新的生活方式。被称为"谦逊有加、实力非凡"的室内设计师。

迷藏
Kura

A 项目定位 Design Proposition
不敢谈城市角度，这个角度太大，只不过是在城中的一间小会所，只敢谈心得和体会。任何造物的过程是，需求，设计，制造，使用。所以首先从使用者的角度考虑出发。本案的业主是服务高端客户的家居企业，客户的业务主要是高端豪宅。在临近公司的位置构思一个多功能会所。主题主要是与"家""生活""艺术"有关。

B 环境风格 Creativity & Aesthetics
更多去发现在现有事物的从新组合，共融。在冲突中求融合，变化中求统一。

C 空间布局 Space Planning
本案在空间动线上为套叠递进的形式，从静谧到绚烂到凝重。在过程中置换这各种表情。

D 设计选材 Materials & Cost Effectiveness
实木拼花地板镶嵌石材的拼接方式，地面石材被排列成古代铠甲的锦子图案。

E 使用效果 Fidelity to Client
受到广大的好评。

项目名称_迷藏
主案设计_孟可欣
参与设计师_LULU、刘洋
项目地点_北京
项目面积_1000平方米
投资金额_700万元

参评机构名／设计师名：
康铭华 Oliver
简介：
毕业于南亚技术学院建筑系。现任远硕室内装修工程有限公司设计经理。作品：中悦音乐广场、中悦捷宝花园、中悦捷宝、柏悦海华帝国康顺建设、县府敦品公设设计、康钧建设、八德湖水裔公设设计、旭盛建设林口采钻公设设计，竹冠建设，MBA公设设计，国家美学馆，竹北馥邑双星竹北御品。2012-8月 SH L宅，2011-10月 FUN 国家美学馆，2011-6月 SH 竹北馥邑双星，2011-3月 Living 海华帝国。

一汇所
Yi Hui Suo

A 项目定位 Design Proposition

虽然将空间划分为接待区、阅读区、交谊厅，却也提供了社区一个聚集学习的空间，例如社区读书会或社区演讲。

B 环境风格 Creativity & Aesthetics

典雅又不过分华丽，新古典使人有一种清爽的优雅感。

C 空间布局 Space Planning

局部挑高的空间设计，使人一踏入社区大厅，就有一种贵宾级的迎接感，有别于一般高度的开阔。

D 设计选材 Materials & Cost Effectiveness

柚木原是沉稳、朴素的材质，但却与点缀的金色罗马柱头。大理石柱身巧妙的配搭，壁面的中段虽然同样用了线板的手法，却用了烤漆、大理石两种不同的材质交替运用，使空间充满层次感与变化。

E 使用效果 Fidelity to Client

为繁忙的现代人提供了可以与人交流的空间，不再只是陌生地住在同一个社区，孩子游戏、玩耍，也很放心。

项目名称_一汇所
主案设计_康铭华
项目地点_台湾台北市
项目面积_1200平方米
投资金额_800万元

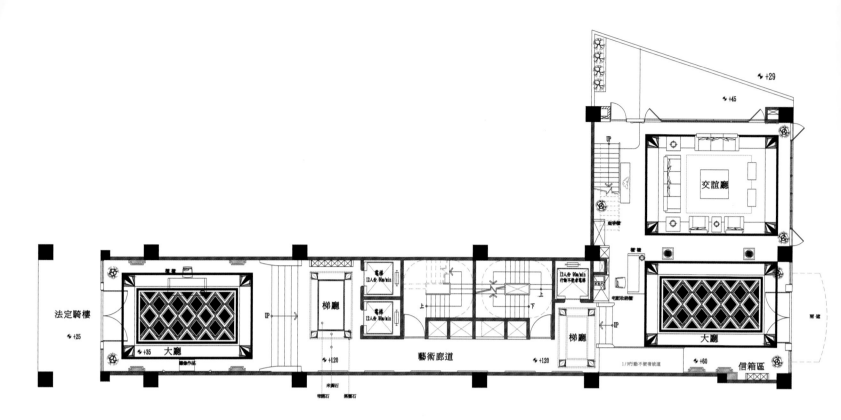

一层平面图

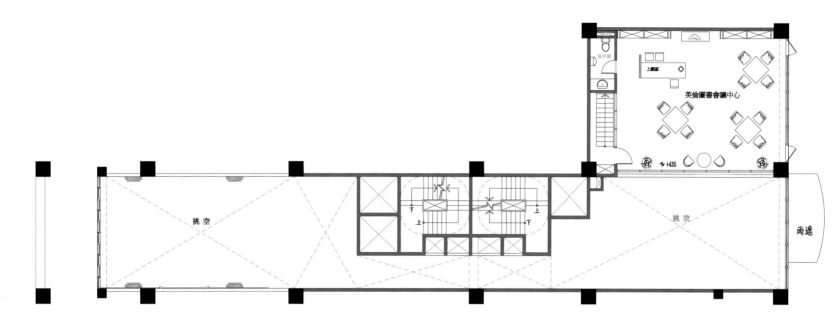

二层平面图

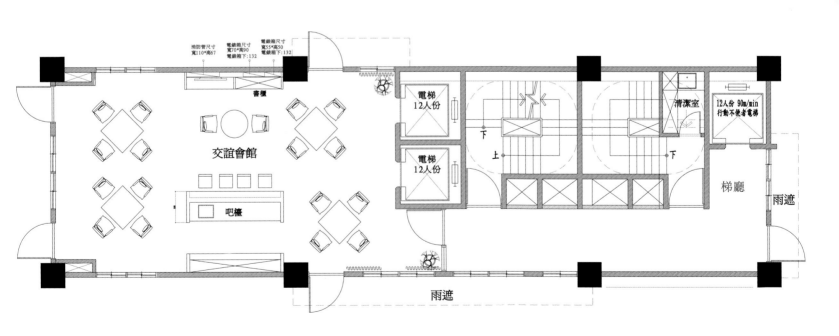

三层平面图

参评机构名/设计师名:
程明纲 Cheng Minggang
简介:
成功案例:济宁南池茶舍
所获奖项:中国室内空间环境艺术设计大奖赛
二等奖,中国室内设计观摩展最具创意奖。

济宁南池茶舍
Jining NanChi Tea House

A 项目定位 Design Proposition

茶人谈茶道的三个境界:品茶之道、品茶修道,品茶既道。南池茶舍位于山东省济宁市,是以经营花茶、陈年普洱茶、仿汝窑茶器养生餐为主的茶文化会所,是大石代设计咨询有限公司"文化传承系列"专题的项目之一。"南池"取自诗人李郢"日出两杆鱼正食,一家欢笑在南池"一句,描写了一家人在南池钓鱼的欢悦场面。

B 环境风格 Creativity & Aesthetics

南池茶舍力图表现茶与禅的一种微妙关系。在普通概念的硬装部分,对应禅宗"简而廉"的精神,主材部分灰色仿古砖和白色乳胶漆为主要材料,浅色榆木的改良明式家具,深榆木格栅的应用,以及茶席的茶器,花器小型化,同样是想强调这种感觉。

C 空间布局 Space Planning

空间布局上,几间茶室错落分布,功能和布局上体现"三晋"的设计主线。一层的普通品鉴展卖区为一晋,二层南半边的五间茶室区为二晋,二层北半区的茶友"沙龙"及VIP茶餐综合空间为三晋。三个区域在功能上既有递进的关系,又使空间节奏明晰,在经营上对应了不同消费群体的需求。

D 设计选材 Materials & Cost Effectiveness

在后期配饰部分,小型绿植盆景和茶器、花器的组合,力求营造"清静淡雅"的氛围。

E 使用效果 Fidelity to Client

择一闲日,二三茶友聚一室,深秋的暖阳透过木格栅洒落在灰色瓷砖上,浅榆木茶桌上的绿植花蕾被照得闪闪发光,尘埃在光束间飘来飘去,耳边回响着古琴的旋律,时间仿佛静止,走出茶室,不经意间看见走廊尽头金石味极浓的书法——"当下"。

项目名称_济宁南池茶舍
主案设计_程明纲
参与设计师_张迎军
项目地点_山东济宁市
项目面积_760平方米
投资金额_130万元

参评机构名/设计师名:
CROX阔合国际有限公司/
Crox International Co.,Ltd.
简介:
所获奖项:2012国际传媒奖年度精英会所大奖、2011国际传媒奖年度精英设计师大奖、2011海峡两岸室内设计奖商业空间、2011金外滩奖最佳商业空间、2011艾特奖最佳商业空间、2009Artemide台湾旗舰店荣获TID Award商业空间类大奖、2009台湾室内设计大奖 TID Award展览空间作品、2009Asia Pacific Interior Design Awards 展览空间类作品。
成功案例:2013义乌幸福里、2012 杭州一味坊会所、2011武汉畅想会所、2010上海LA LE 拉雷 红酒吧、2009 Artemide 台北旗舰概念店、2008 La Vie不设计不生活展览。

阔合
WWW.CROX.COM.TW

一味坊
YI WEI FANG

A 项目定位 Design Proposition

位于杭州吴山城隍阁与西湖山水交界。会所以关怀静化社会的角度,开发灵性,带领众生于回归内在之家的道路上,创造共同成长的开放式平台。打造中国第一个以心灵为主题的医疗会所。

B 环境风格 Creativity & Aesthetics

所以在空间中放入蜿蜒的柳安木条,巧妙界定出公共私密的区域,构成多层次的空间变化,如同如风掠过水面的涟漪。自由的曲线将人的视野由真实渐入心境,再经由内心的投影,获得动静间的自如。似水木条墙的连动性,让不同机能在弯弯曲曲间巧遇糅合,又在转角处自然形成分岭,引入新的风景。

C 空间布局 Space Planning

布局上以自由平面与弹性隔间相结合,布幔与移动镜面在有限度的空间内相互搭配,空间中综合多种区分动线的形式依序心灵课程的需要或开放或封闭,灵活应用。此外,一味坊有效地利用下沉广场的光线,衍生创造出富有光线变化的环境,空间明暗层次蔓延开来。会所内外虚实交织的动线,把广场、花园、庭院、冥想、咨询、瑜伽、打坐、太级连串成一段内心沉淀的旅程。

项目名称_一味坊
主案设计_林琮然
参与设计师_林盈秀、李本涛
项目地点_浙江杭州市
项目面积_360平方米
投资金额_100万元

D 设计选材 Materials & Cost Effectiveness

运用了实木、石头、银箔光影等原生的材料,强调以"质朴"来呈现原材料应有的温度与触感。东西文化对美的不同语汇融入在设计中,形取前卫写意的风格,刻画东方神情与西方韵味。朴素的白墙、柔和的柳安木条与柚木地板,为一味坊奠定温暖的基调,银箔天花反射下,渐渐模糊了如镜花水月般的俗世。

E 使用效果 Fidelity to Client

能找到都市繁华之中的心灵净土纯属难得,那闲逸清爽的人文生活,沉思象征的心灵间,在闹中取静的一味坊就可以体现。尽量保留安静的地方,让人在此沉静、放空,静静体会入隐于思的好。

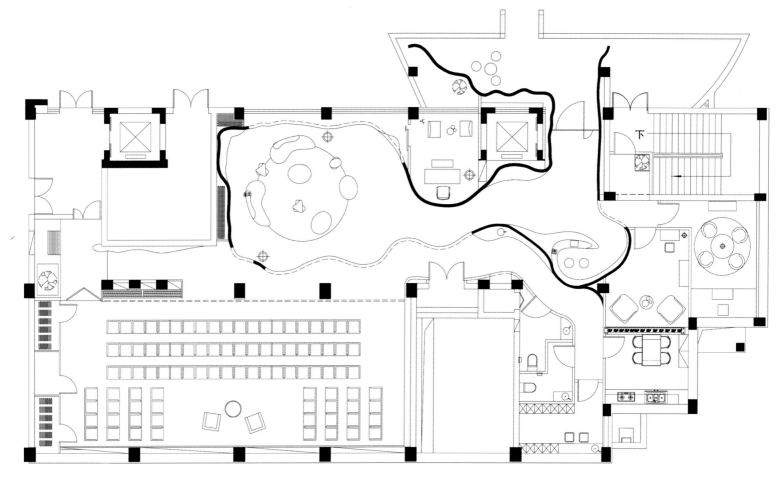

平面图

参评机构名/设计师名：
谢涛（阿森）Assen
简介：
成都著名室内设计师。CTD森图设计顾问（香港）有限公司公司创始人，成都阿森装饰工程设计有限公司总裁、总设计师，成都汇森木业创始人、总经理，藏式奢侈工艺品品牌——吐蕃贡房首席设计总监，高级室内建筑师深圳室

内设计协会常务理事。
从事室内设计工作22年，始终坚持创作有特色和有文化内涵的各类功能空间作品，置身于民族文化的沃土，探索中国地域文化的国际表达，将中国传统文化的精髓融入到国际潮流视野中，以"德艺双馨"为人生准则，创新传承，立志做最中国、最民族、最平民的设计人，目前设计项目辐射中国辽宁、吉林、天

津、山东、山西、陕西、安徽、湖北、浙江、福建、广东、广西、云南、西藏、贵州、甘肃、青海、新疆、四川、重庆等地。

谛梵养生会馆
DiFan Health Club

A 项目定位 Design Proposition
地处成都市旅游景点五朵金花之一的琴台路，琴台路被称为古蜀文化一条街，作品以古蜀文化元素做基础，从茶艺、休闲、药物足疗、古法香薰SPA、经络按摩多种形式经营的服务模式，树立了成都本土行业新标杆。

B 环境风格 Creativity & Aesthetics
古蜀文化至少有三个提炼特点，三星堆文明、金沙文明和三国文化，本案结合这三个文化元素特点和成都休闲之都的品质完成了本项目设计。

C 空间布局 Space Planning
本案由四个服务功能组成，茶艺棋牌区、足疗区、炕床按摩区、香薰SPA区四部分，各部分穿插流畅有序。

D 设计选材 Materials & Cost Effectiveness
实木是本案最大的特点，而且同样做到工业化定制组装。

E 使用效果 Fidelity to Client
开业才几天，客人的评价是行业NO.1。

项目名称_谛梵养生会馆
主案设计_谢涛（阿森）
项目地点_四川成都市
项目面积_2200平方米
投资金额_450万元

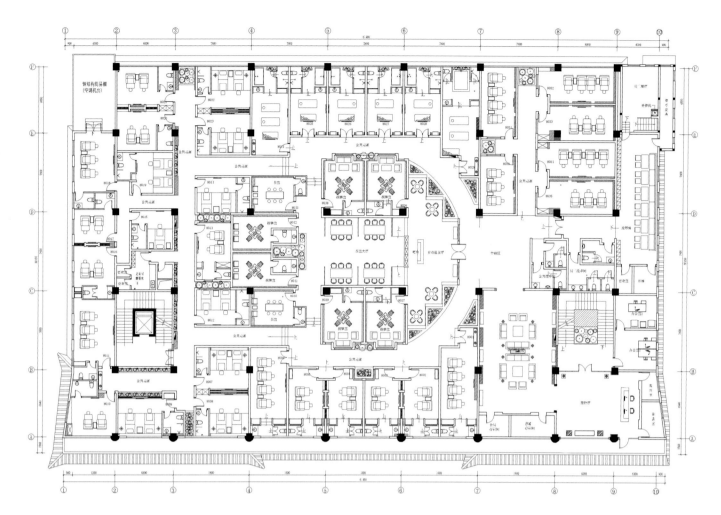

平面图

参评机构名／设计师名：
郑海涯 Joanna
简介：
郑海雁室内空间设计设计总监，ICIAD国际室内建筑师与设计师理事会会员，CIID中国建筑学会室内设计分会会员。
2011主要案例：香格里拉九龙香缇会所，和义大道 SPA Valmont温岭九龙大酒店SPA会所，万隆花园样板房。

九龙香缇会所
Santika Club of Kowloon

A 项目定位 Design Proposition

在都市紧张而又快节奏下生活的人们，工作之余，都渴求有一个能够让他们缓解紧张和释放压力的地方，营造一个原始、传统而又充满大自然风味的休闲养生场所，成了都市人找回心理平衡的最佳诉求点。

B 环境风格 Creativity & Aesthetics

项目取材于巴厘岛，是因为巴厘岛本身是享誉全球的休闲度假圣地。 将巴厘岛特有的建筑人文特色（木屋、石材、佛像、木雕、水景等）引入室内空间，点上巴厘岛特有的香薰精油，播放着巴厘岛特有的民间音乐，使顾客从踏进大门那一刻开始便能够全方位感受到来自东南亚巴厘岛的气息，从视觉、听觉、嗅觉上达到全身心的放松。消解压力、放松心情。

C 空间布局 Space Planning

最大化利用原有空间的缺陷部分来营造氛围、兼顾公共空间与营业包厢的最合理化配比，使甲方业主的投资回报率与设计效果达到一个最佳平衡点。

D 设计选材 Materials & Cost Effectiveness

运用最普通、自然的石材、木材、墙纸、地板等材料，配以大量从巴厘岛进口的特有的沙岩壁画、布艺、草灯、石像、床榻、雕刻木门、木雕等来打造出原始、巴厘岛传统而又充满大自然风味的室内空间。

E 使用效果 Fidelity to Client

作品开始运营至今，该品牌已经成为了当地的行业标杆、龙头，深入人心，因其优雅、舒适的环境，在消费者中享有良好的口碑。

项目名称_九龙香缇会所
主案设计_郑海涯
项目地点_浙江台州市
项目面积_2300平方米
投资金额_700万元

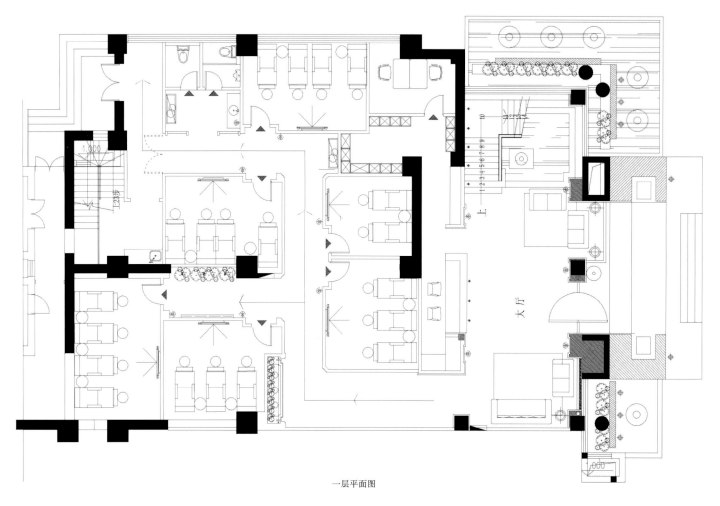

一层平面图

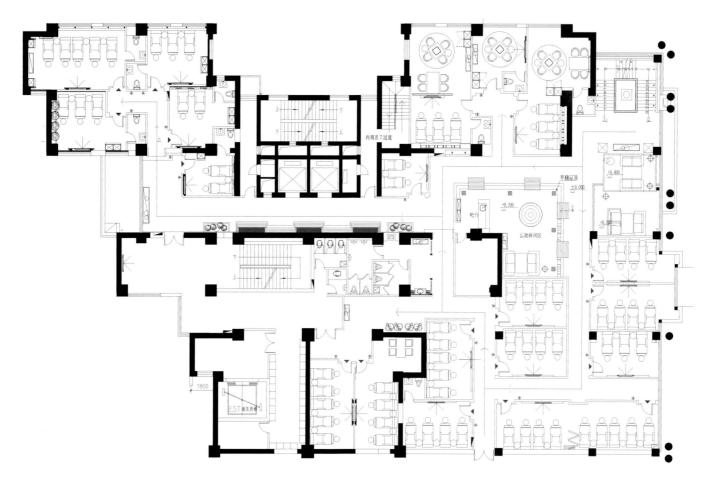

二层平面图

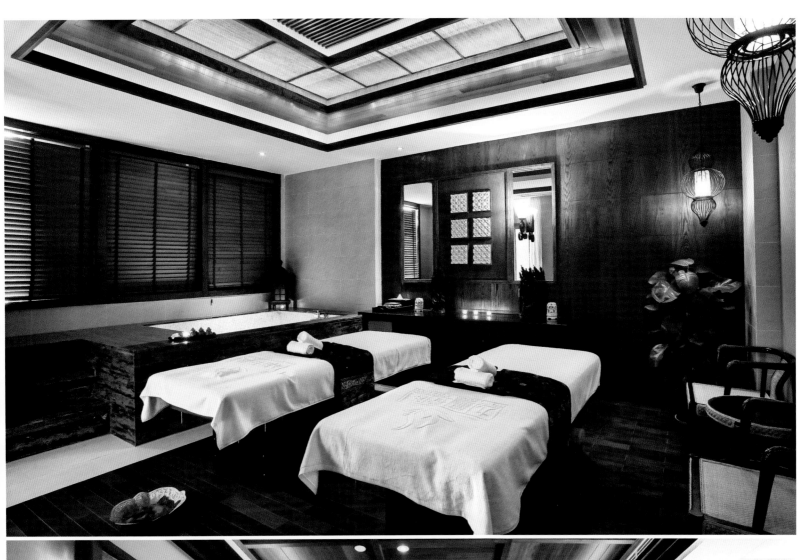

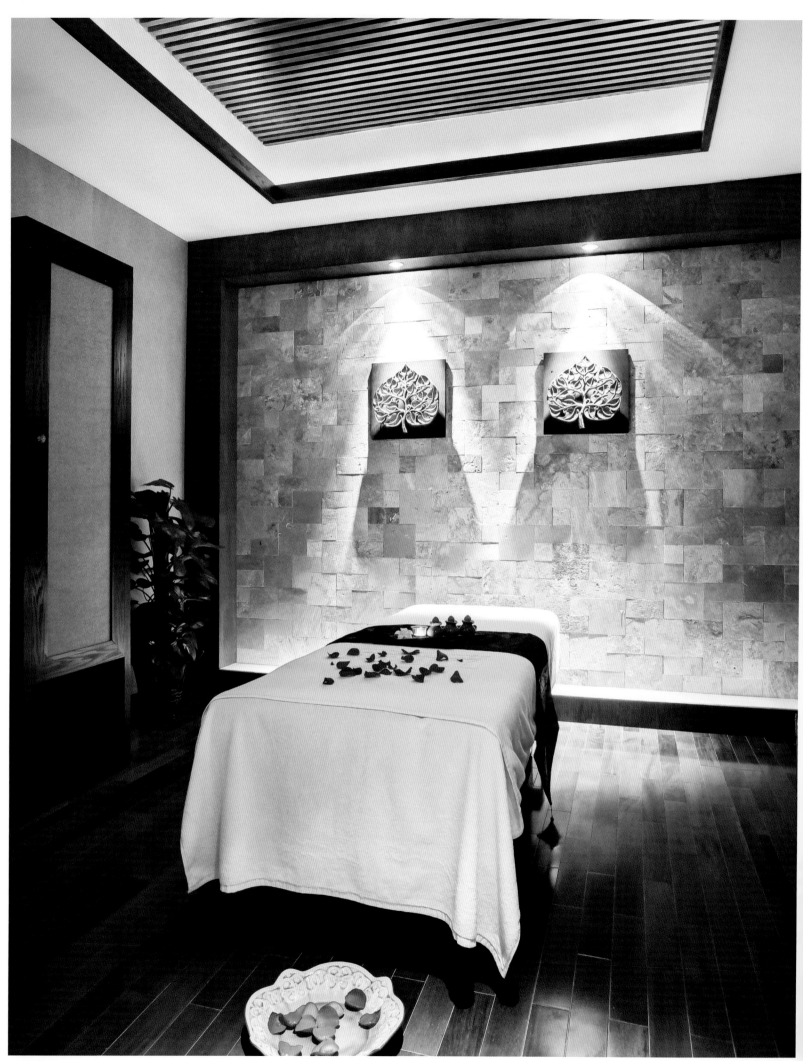

参评机构名/设计师名：
江西汉元正果广告策划设计有限公司/
Jiangxi Zenkarma Creativity&Design Co.,Ltd
简介：
江西汉元正果广告策划设计有限公司]特有的
整合服务链，以市场为先导，对项目进行深
度解读，将项目定位、表现风格、市场触动
点、营销推广进行全面整合，令公司所包装项

目具备强大的市场竞争力，成为所属行业的
主导企业。为本土成长型企业打造专业品牌
形象，汉元正果创新推出针对成长型企业的
"&ldquo"，全程服务包"&ldquo"，涵盖
立项、市调、竞争力分析、突破点整合、渠道
分析、推广前导、营销战略、长线跟进等。以
此为基础，延展出VI体系、产品包装、推广设
计等系列，以确保项目切合市场需求、快速占

领市场，具备强烈的品质感，产生整体合力。

[汉元正果]创意产业
ZENKARMA CREATIVITY & DESIGN CO.,LTD.

逍遥会国际顶级养生会所
XiaoYao SPA

A 项目定位 Design Proposition

逍遥会国际顶级养生会所，承载着千年传统文化与修身养性之精髓。意在打造一个集国学文化、传统中医、现代休闲养生为一体的体验中心。"逍遥"是品牌传递的核心。 美学上以传统文化再现，使人们获得精、气、神合一的综合体验。

B 环境风格 Creativity & Aesthetics

观光电梯上的水墨画让整个外立面韵味十足。入口十米挑高尽显空间的张力，使人产生敬畏心，心里怀揣期待，让人对自然、人性、中国传统文化的认同与向往，油然而生。门口"庄子梦蝶"的铜雕，突出了品牌的核心——逍遥；经过雕像，拾级而上，十五步平步青云梯，精心设计，让人在抵达大厅之前，能洗净铅华，同时通过流畅的动态线条、视觉空间的层次感，体验传统文化与现代建筑语言的共融。

C 空间布局 Space Planning

整个会所被划分为六个楼层：隐、聚、意、境、清、观。针对每个楼层，定义不同的思想感受：负一楼为隐；二楼大厅为聚；三、四楼包厢为意和境；四楼SPA为清；顶楼两间套房为观天下和观方圆。每个不同楼层都从不同元素和手法衍生不同的意境，整体空间主要以厚重色彩为主轴，让心灵回归。

D 设计选材 Materials & Cost Effectiveness

软装的配合成为项目的点睛，有古朴的窗棂、名家字画，融合一些现代艺术，致力于达到"绝妙之境，逍遥随心"的心灵体验。

E 使用效果 Fidelity to Client

反响很好。

项目名称_逍遥会国际顶级养生会所
主案设计_廖辉
项目地点_江西南昌市
项目面积_3000平方米
投资金额_1200万元

参评机构名／设计师名：
咏翊设计股份有限公司／
Very Space International
简介：
"空间设计"意谓的是——量身定做与因地制宜，我们能够针对着不同的业主，去了解他们的生活背景与习惯，而打造出完全属于他们的极个人化空间。除此之外，设计师运用清晰的思维逻辑与美学涵养，所规划的空间是合理的，比例是正确的，机能上更是。在材料，颜色，质感方面的搭配，组合排序，完全架构在合理的要求上，如此才能达到完美，不哗众取宠，又能别出心裁。

太极之势
The Flow In Taichi

A 项目定位 Design Proposition
这是个复合发艺沙龙、餐饮、花艺、SPA的会所空间，却毫不迷离在扭捏实体之间，反观之以浩瀚的流动，透析出一套完整的逻辑与精神。

B 环境风格 Creativity & Aesthetics
咖啡厅区：木质纹理的墙面衬托洁白的延伸块体，整体空间在柔软与刚硬、理性与感性之间，充分展现人文意涵的空间，并散发着优雅的质感与气质的文化厚度。花艺区：主景是具有延伸感的线条并形成花艺展示的层次，而其特殊的大尺度水平长型线条比例，交叠创造出雕塑性的空间，其穿透感的造型，将视线延伸到窗外的树海绿意，延续了室内花艺与室外树海的交融与映衬，使整个空间沉浸在深翠的氛围里。发艺区：在黑色与白色对比的空间里，运用直线与折线，为空间建立清楚的层次秩序，并以折线作为空间的延续。借由斜角延伸的特质，并运用反光与穿透性材质，让空间充满视觉延伸的层次，塑造出冷冽简敛的时尚与设计感。SPA接待柜台暨放松区与包厢区：低调奢华中的尊贵与优雅的气度，华丽的墙面与木质暖调的SPA包厢，使消费者独享回到家中的温暖放松感，使整个空间浸透在一种舒适氛围里。

C 空间布局 Space Planning
这是个复合发艺沙龙、餐饮、花艺、SPA的会所空间，却毫不迷离在扭捏实体之间，反观之以浩瀚的流动，透析出一套完整的逻辑与精神。这是内功与外法的交相淬炼，将柔与刚、静与动、虚与实、缓与急的矛盾辩证关系，以外功内化把玩透彻。如同一套太极拳谱变化万千，然又万法归宗。

D 设计选材 Materials & Cost Effectiveness
利用层次上的不同，运用带有反射的材质或是如雕塑品般的半穿透材质创造区隔空间的介质。

E 使用效果 Fidelity to Client
满意度高。

项目名称_太极之势
主案设计_刘荣禄
参与设计师_黄沂腾、徐铭璟、周亭萱
项目地点_广东深圳市
项目面积_1653平方米
投资金额_700万元

参评机构名／设计师名:
蔡远波 Cai Yuanbo
简介:
毕业于贵阳学院艺术系绘画专业、2006年进修
北京清华大学环境艺术设计专业、2008年贵州
书画协会会员、2008年贵州摄影家协会会员、
2009年中国装饰协会注册室内设计师中国建筑设
计室内设计分会会员。

2010年贵阳黔灵半山《我爱我家》设计一等
奖，2012年《KITO》全国十大新锐一等奖，
国际Idea-Tops大奖赛入围奖。

南国花锦CS造型
Flora Plaza CS Modelling

A 项目定位 Design Proposition
本案由于原来的店面已略显陈旧，为了迎合美发店时尚创新的精神，满足商业发展需求，故而进行了颠覆
性的改头换面。

B 环境风格 Creativity & Aesthetics
功能区域色彩划分、空间氛围材质质感强烈、整体风格环境时尚、大气。

C 空间布局 Space Planning
空间被分成了4个部分，钢架的链接将不同功能区域分隔开来。在这4个不同功能的区间上，运用了一
种极简的设计方法，将4个区域营造出有着强烈对比的空间氛围，让这个店面拥有双面气质。

D 设计选材 Materials & Cost Effectiveness
对于一个造型店而言，向顾客传递一种时尚感尤为重要。为了将时尚感完美地传达，在入口区的立面和墙
面及天花，用钢架框贴背板杂志的包装纸进行棋盘格排列覆盖，并在包装纸上面影印了从上世纪20年代
至今的模特照片。

E 使用效果 Fidelity to Client
这样一种简单并且经济环保的方式成功地吸引了人流。在投入运营后，温馨的灯光、时尚的氛围，完全达
到了商业回溯的目的，并且建立了一群口碑客户。

项目名称_南国花锦CS造型
主案设计_蔡远波
项目地点_贵州贵阳市
项目面积_420平方米
投资金额_120万元

参评机构名/设计师名：

Dariel Studio

简介：

Dariel Studio是总部位于上海的国际室内设计事务所。自2006年成立起,曾多次获得各种奖项荣誉并 高质量地完成了60多个项目,横跨服务业、商业及住宅领域。结合传统遗产和先锋创新,融合法式设计专长和东方文化影响,在高度理解客户的需求 的基础上,Dariel Studio致力于带来开放性的全新视角和形式。Dariel Studio拥有25名来自不同国家和背景的专业设计师,投注其对设计的热情。

Dariel™Studio
Thinking by making

PRIME 私人健身会所
PRIME Fitness

A 项目定位 Design Proposition

Prime是一家私人健身会所,坐落于上海旧法租界的中心地段。设计遵循在一个优雅、舒适的五星级健身环境中,专注于身体所带来的自然的感觉。

B 环境风格 Creativity & Aesthetics

为了更好激励客户去做运动,强而有力的几何线条贯穿了整个空间,这些线条让人联想到了身体肌肉的线条,并且强化了整体设计概念中的运动感与力量感。

C 空间布局 Space Planning

Dariel Studio 在设计 Prime 时需考虑如何有效利用空间组织出不同的功能区,并且在体现舒适的感觉时如何能够激励人们更好的运动。 Prime 的布局分为三个功能区:接待处、运动区及更衣室。

D 设计选材 Materials & Cost Effectiveness

Dariel Studio 运用高档而又自然的材料,如木材、瓷砖和石材,并且运用柔和的色彩与灯光给予空间一个有机而柔软感觉,从而使客户感受到舒适与健康。

项目名称_*PRIME 私人健身会所*
主案设计_*Thomas Dariel*
参与设计师_*Reea Batros*
项目地点_*上海*
项目面积_*170平方米*
投资金额_*100万元*

E 使用效果 Fidelity to Client

投入运营后,该会所获得客户的交口称赞。吸引了很多潜在客户。为了更加强化人们对这个新开的健身品牌的认知,Thomas也无处不在地将品牌融合在设计中,Prime的首字母P被艺术化地作为门把的形状、地毯的图案、墙面上的装饰来凸显整个品牌,提升其品牌价值。

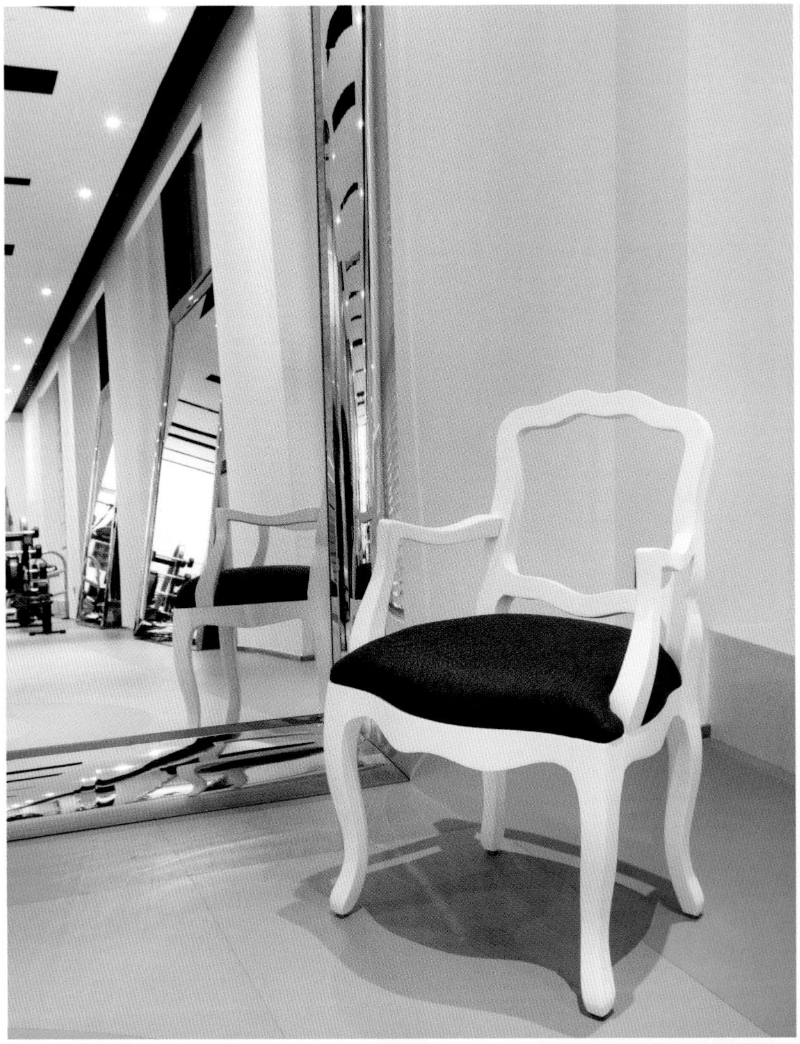
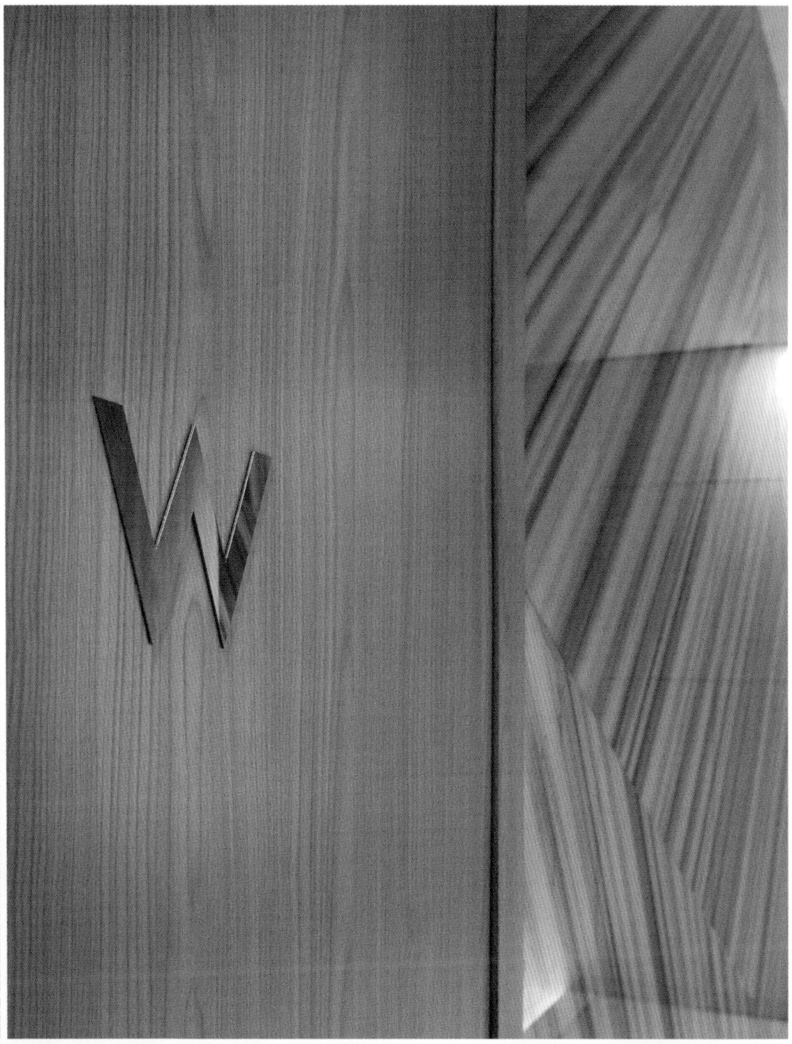
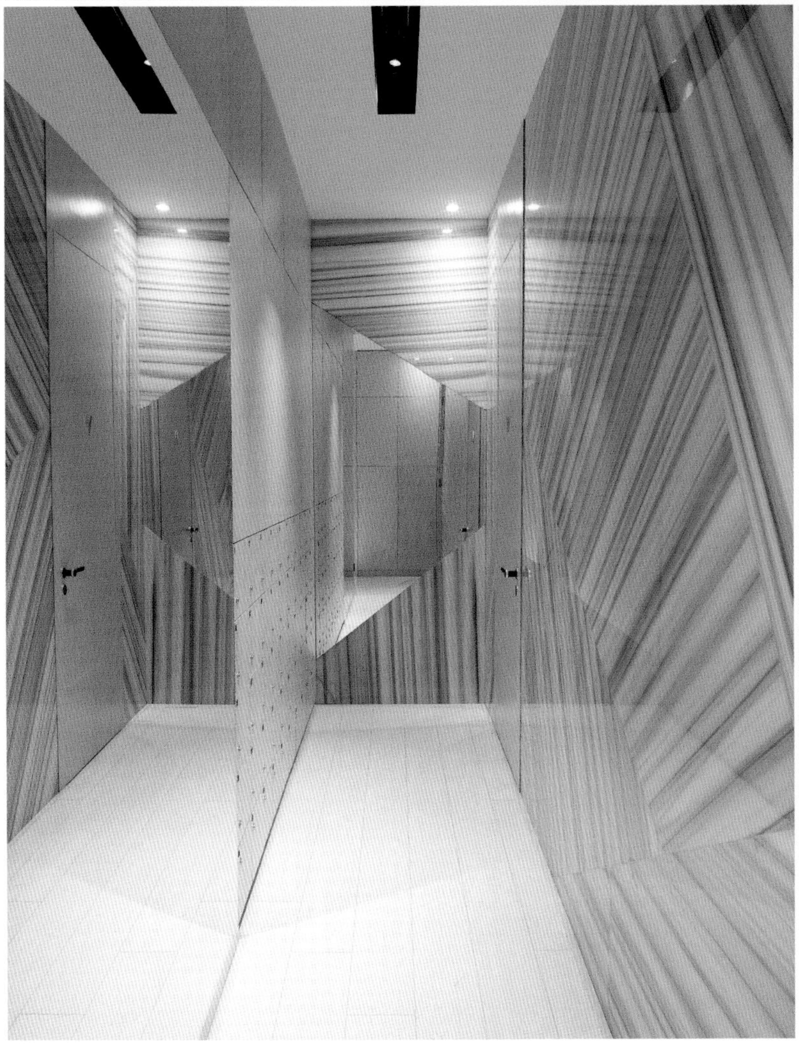
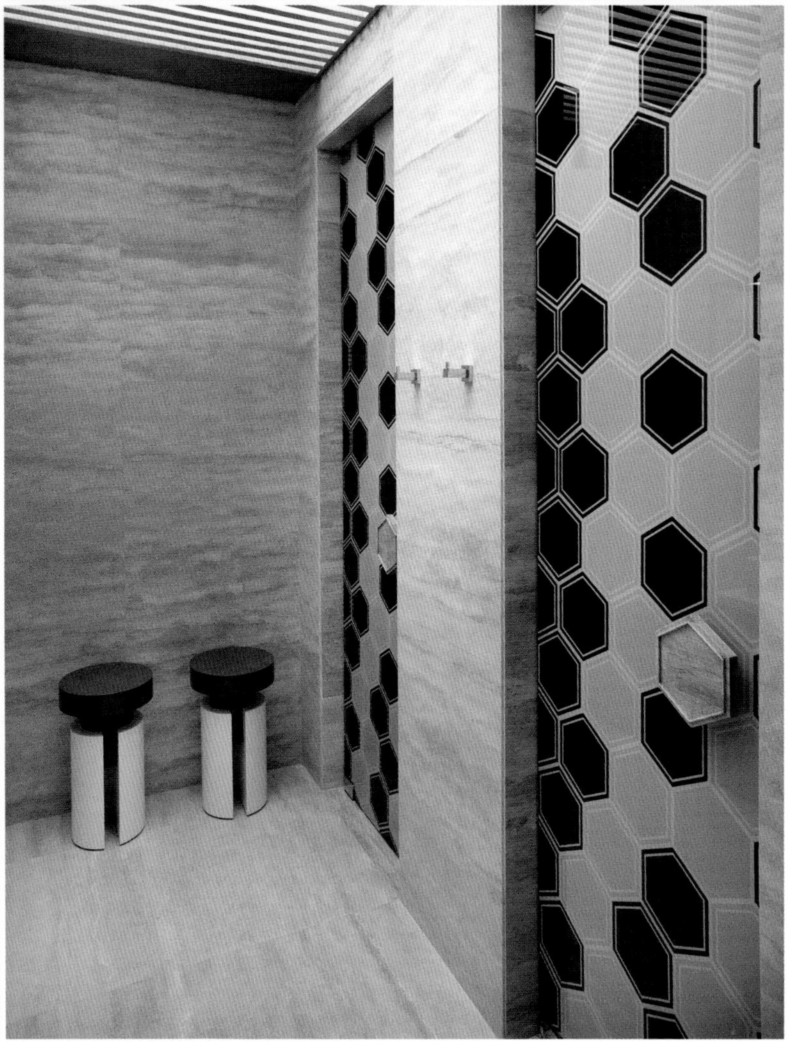

参评机构名/设计师名：
吴联旭 Wu Lianxu
简介：
CIID会员、室内设计师、C&C联旭室内设计有限公司创办人、设计总监。从事室内设计工作十余年，积累了丰富的设计经验，完成大量成功的商业项目。善于用前瞻性的设计笔触，形成独特的设计风格，带给人耳目一新的感觉。

"设计师要有沉下来的勇气"，沉得下来，可以厚积薄发，其作品获得了众多的设计大奖。也因为专业领域表现突出，两度成为中国室内设计师年度封面提名人物，被评为"海西影响力室内设计师"、"中国新锐室内设计师"。追求永无止境，近年来，致力于私有会所文化和品质生活方式的推广。工作设计方向偏向私人会所、茶文化及地产商业设计，并积累了大量成功案例，不断把设计推向新的高度。因设计而时尚，因时尚而更有发言的力量，然而卸去时尚的外衣，依旧是一个有着自己独特文化品格的设计师。

郡府会
JunFuHui

A 项目定位 Design Proposition
设计师希望会所是杰出、精英人士荟集的空间，为高端人群提供一个商务休闲空间。

B 环境风格 Creativity & Aesthetics
大胆摒弃了茶会所惯有的中式符号和视觉感受，以灰色为主调，配以线条的简洁，营造轻松的休闲环境。

C 空间布局 Space Planning
楼梯不仅是满足其上下移动的功能建筑，设计师更是在创作中将其当成一种空间的装饰品来打造。流畅的曲线宛如一区流淌的歌。木作格栅吊顶，克服了层高偏矮的缺陷，整个空间通透而富有灵气。

D 设计选材 Materials & Cost Effectiveness
在设计选材上以木作格栅为主，让光影的拥动成为空间里最适切的主角，编织墙布吊顶让人亲近自然，雪松木块和喷绘硬包的对撞，让空间拥有无限遐想的可能。

E 使用效果 Fidelity to Client
得到了业主和客户的高度认可，在当地引起了很大的反响。

项目名称_郡府会
主案设计_吴联旭
项目地点_福建福州市
项目面积_780平方米
投资金额_100万元

参评机构名/设计师名:
朱玉晓 Zhu Yuxiao
简介:
著名独立室内建筑设计师朱玉晓为亚洲当今设
计业界的独特人物,为人不羁挑剔,作品多元
无常。
跨足建筑、工业设计、产品设计、空间设计,
影视作品,被誉为"具有时代性的变化派设计
鬼才"!其惊艳、破旧立新又极具视觉震撼力
的作品,一再打破现有的设计模式,衍生出无
限的变性空间,倡导"观念决定一切!"

茧三
JIAN

A 项目定位 Design Proposition

本项目是位于北京一处写字楼内的女子会所。会所面向女性消费者,主要为其提供美容、修身等方面的服
务。项目总建筑面积为450平方米,是一个两层复式结构的单位。设计力图在自然与人类之间找到一种意识
形态上统一,从而表达对于"重生"的顿悟和深刻理解。

B 环境风格 Creativity & Aesthetics

用稍许前卫的空间形式来表达。用全新的,与时俱进的现代材料重塑一个当下的"茧"的空间。它不属于
过去,不属于将来,属于每一个此时此刻。

C 空间布局 Space Planning

在空间分隔上,设计师几乎都是采用了"圆"以及"弧线"元素。从平面图上看,内部空间几乎没有一条
直线,那些功能空间犹如一个个相对独立的"舱体"被散落在楼板之上。大量的曲线和没有棱角的墙面处
理,像蚕的内壁一般,使整个设计充满了柔美和温婉的女性气质。

D 设计选材 Materials & Cost Effectiveness

设计师利用尼龙绳以及部分LED软管作为装饰的基础材料,以"缠绕"、"编织"等手法贯穿整个设计,
形象地表现出"吐丝成茧"的过程。家具同样选择了表面为编织效果的产品,采用了极具动态的灯具来呼
应转变和重生。色彩主要以白色为底,加入了各种纯度的绿色以及孔雀蓝作为点缀,搭配冷质金属色系,
如银色墙面涂料、不锈钢镜面桌面,以及银色家具和靠垫等饰品,提升了会所的精致度和品质感。

E 使用效果 Fidelity to Client

在你自己构筑的无限自由里, 翅羽成为一把双刃, 放飞,既是畅想,也是代价。 安全,不由令你退回领
地。 茧者,自缚。 因为翅, 有束, 而无拘。

项目名称_茧三
主案设计_朱玉晓
参与设计师_孙平涛、景占峰、曾晓瑛
项目地点_北京
项目面积_222平方米
投资金额_300万元

参评机构名/设计师名：
陈武 Yellow Chen
简介：
陈武先生有着西方多国的游历视野，并对国际时尚文化有着极为敏锐和独到的领悟，善于将时尚、艺术、文化、科技完美结合，演绎全新时尚的装饰设计风格，亦成就了许多东西方文化混搭的经典作品，在历经纽约新冶国际设计和香港新冶设计十多余年的专业化的沉淀及发展后，致力于将新冶组团队打造成为中国最具时尚文化空间设计典范。以构想客户共鸣为创作意念，倾力为客户打造饱含独特气质并时尚创意的空间设计方案和整体优质的配套服务。

贝琳美容院
Belin Beauty Salon

A 项目定位 Design Proposition

自然不是都市制造的人工作品，而是远避尘嚣的心灵天籁，舒适不仅是身体和视觉的感知，更是心灵的放松与蜕变。

B 环境风格 Creativity & Aesthetics

美丽的理由，正在于存在的自然性，不规则就是规则的躯壳，美丽的设计同样需要解构，我们在室内设计之中，尝试打破空间形态的平衡和规则性，反其道而行之，以解构主义建筑手法来分析空间元素的组合。

C 空间布局 Space Planning

不管是前台接待区，还是中庭的休息区，我们都采用了不规则的几何空间形态，从墙板，到隔断，到吊顶和吊灯……步入其间，仿佛走进了外星人的飞船，在形态的不规则之中，却随处可见仿真花草的点缀。我们十分注重灯光的布置，在整个空间中，几乎没有一个直射光源，大量使用的，是柔和的散射光源，不仅如此，善意的设计几乎随处可见：贴近休息区的水吧，保护客户隐私的Spa房、浴室里的防滑设计、大门把手上的精致天使，将接待区与SPA区自然分开的滑动门……

D 设计选材 Materials & Cost Effectiveness

与公共区域的解构主义视觉不同的是，SPA房中的装饰设计则显得更加平易近人，在暖色调的衬托下，淋浴房、蒸汽室、浴缸、按摩床一应俱全，在慵懒和闲适的气氛下，享受属于自己的时间，两相对比，应和着变换的结构和心情，呈现在消费者面前的，是一种协调的、自然美下去的感受与信心。

E 使用效果 Fidelity to Client

2013年2月贝琳国际新概念形象店起航引领鹏城美业新时尚。

项目名称_贝琳美容院
主案设计_陈武
项目地点_广东深圳市
项目面积_742平方米
投资金额_200万元

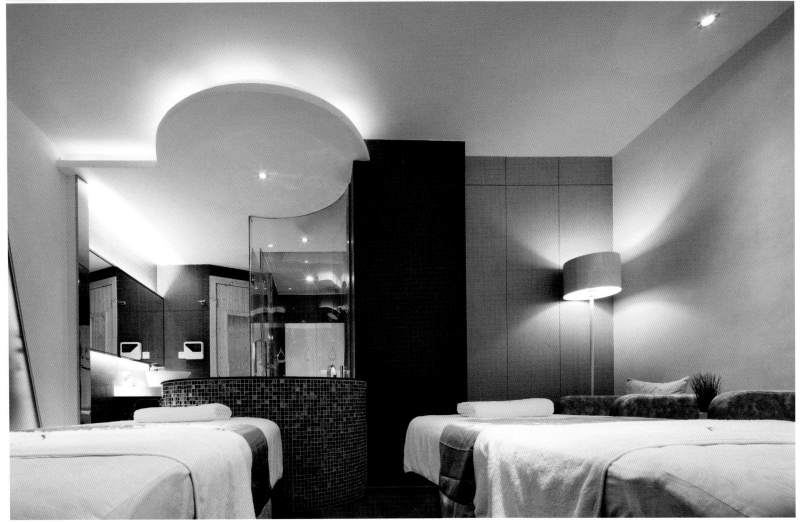

参评机构名／设计师名：
汪洋 Wang Yang
简介：
宁波市鄞州悠居装饰设计有限公司设计总监。
毕业于浙江工商大学艺术系视觉传达专业。秉
从设计引领生活的理念。涉足于平面视觉与室
内空间的设计工作。

原理美发沙龙
Reali Salon

A 项目定位 Design Proposition

高端美发沙龙，面向25至40岁之间高收入的客户群，多以海归、设计师、时尚人士为主。走高端沙龙中的另类路线。内容还包含美甲与服装，真正的体验式沙龙消费。

B 环境风格 Creativity & Aesthetics

对于这家店的室内装修理念是"做什么不像什么"，所以它不是那种第一眼理发店，让人捉摸不透，更象是一个家庭式的咖啡馆。轻微的法式乡村风格加上现代化的元素和材料恰好是它最合适的存在。

C 空间布局 Space Planning

空间上尽可能做到开放与空气流通，并留回形动线通道，便于忙碌时的走动，顶面做了局部镜面不锈钢的装饰来拓展空间以便弥补层高的不足。

D 设计选材 Materials & Cost Effectiveness

用材讲究环保，回收木做水性蜡处理，自然质朴稍带年份感；硅藻泥的斑驳墙面运用在潮湿区域，调节空气湿度。也采用了不锈钢等现代感的元素，与复古感做一种穿插。

E 使用效果 Fidelity to Client

原理的客户对室内空间微博与微信圈发表与转载就是一个免费的广告。重新装修的原理美发沙龙提高了在当地行业的地位。

项目名称_原理美发沙龙
主案设计_汪洋
项目地点_浙江宁波市
项目面积_330平方米
投资金额_120万元

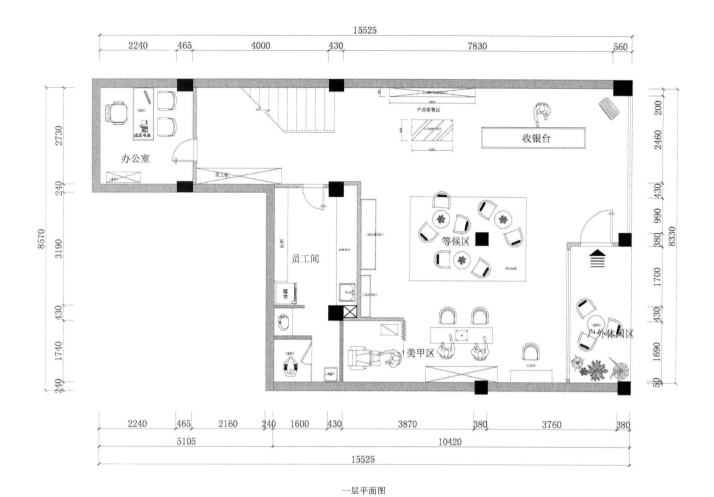

一层平面图

参评机构名／设计师名：
广州市思哲设计院有限公司/
Guangzhou Seer Design Institute Co.,Ltd.
简介：
创建于1988年3月5日，是中国首个私营专业室内设计机构。目前拥有建筑装饰专项工程设计甲级、照明工程设计专项乙级、风景园林工程设计专项乙级资质，而且通过了ISO质量管理体系认证。设计的项目类型涵盖酒店宾馆、餐饮娱乐、商业展示、商务办公、楼盘华宅、影视演艺、城市改造、园林景观、灯光照明等。我们的设计工作涉足全国29个省、自治区、直辖市及特区，作品遍布60多个城市，还开辟了境外业务，在帕劳共和国及迪拜、比利时均有作品。二十五年来，我们已完成设计作品上千个，项目获奖无数。2008年，我司更被美国INTERIOR DESIGN中文版评为"中国规模最大的室内设计企业十强"及"中国最具发展潜力的室内设计企业十强"，成为国内知名的设计行业品牌。公司现有员工150多人，我们一直坚持以完美产品、智慧的思想作为我们努力的目标，以高水平作为我们工作的方向。在往后的日子，"思哲人"将秉承"思有道、哲无界，做有思想的设计"这一设计理念，不断自勉，努力提升我们的设计水平和服务水准，以求能够为客户创作更多、更优秀的作品！

广州海心塔金逸电影空中会所
JINYI Tea Art Room on the 22 Floor of Guangzhou Tower

A 项目定位 Design Proposition
本项目位于广州超高建筑广州塔22层，定位为高端会所式茶艺室。设计构思方面采用新东方现代主义设计理念，提取中国传统文化中的内涵与韵味，营造亲和儒雅的气氛。给喜欢茶文化的人群打造一个高端的观景品茗空间。

B 环境风格 Creativity & Aesthetics
本项目位于广州塔上，以360°城市景观为设计利用重点；室内设计采用新东方现代主义理念，结合广府及西关特色的设计，同时与精致文化品位相结合，讲求平和，以自然为美。

C 空间布局 Space Planning
本项目设计以包房、VIP房为主，房间的位置选择及室内布局均以室外视觉景观为前提考虑的，利用360°的城市景观，每个房间都分配到独特的风景。以不同景观作为背景，即使房间采用一样的陈设，却有不一样的味道。

D 设计选材 Materials & Cost Effectiveness
厚铝板镭射切割的花格、黑色不锈钢的博古架、天花上手绘的水墨画、陶瓷的荷花装饰等等，用各种现代材料结合着传统的东方元素，呈现出从传统到现代的设计观，古与今和谐统一，尽显儒雅气质。

E 使用效果 Fidelity to Client
给喜欢一人静静品茗或喜欢三五知已喝茶、谈天说地的客人提供一个逃离嘈杂、安逸舒适的休闲品茶空间。

项目名称_广州海心塔金逸电影空中会所
主案设计_罗思敏
参与设计师_邓紫龙、邱国威、刘杰
项目地点_广东广州市
项目面积_1200平方米
投资金额_600万元

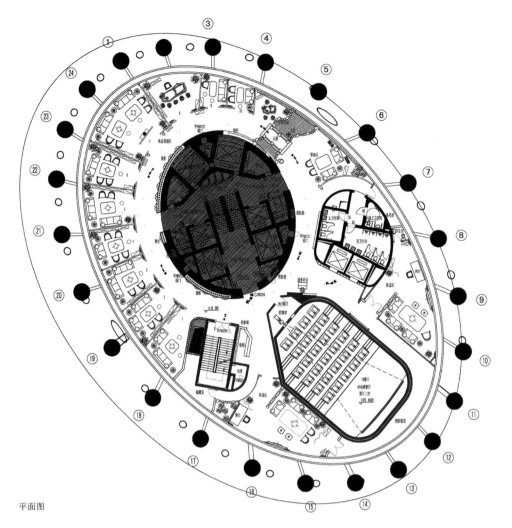

平面图